AF296145

PROFILS CONTEMPORAINS

A. DE HUMBOLDT

PAR

ARMAND POMMIER

AVEC UN PORTRAIT DE CE SAVANT ILLUSTRE
ET UNE NOTICE SUR SES ŒUVRES

PARIS

E. DENTU, LIBRAIRE-ÉDITEUR

PALAIS-ROYAL, 17 ET 19, GALERIE D'ORLÉANS

1867

ALEXANDRE DE HUMBOLDT

PARIS, IMPRIMERIE JOUAUST, RUE SAINT-HONORÉ, 338

A. DE HUMBOLDT

PAR

ARMAND POMMIER

AVEC UN PORTRAIT DE CE SAVANT ILLUSTRE

ET UNE NOTICE SUR SES ŒUVRES

PARIS

E. DENTU, LIBRAIRE-ÉDITEUR

PALAIS-ROYAL, 17 ET 19, GALERIE D'ORLÉANS

1867

ALEXANDRE DE HUMBOLDT

L'on a dit de l'homme célèbre dont nous étudions aujourd'hui la haute et complexe individualité, qu'il fut l'Aristote du XIXe siècle. En effet, Alexandre de Humboldt, comme le stagyrite, cultiva toutes les branches de l'activité intellectuelle. Il sut être tour à tour, à un degré éminent, astronome, physicien, chimiste, géologue, botaniste, zoologue, philosophe, historien, économiste, philologue, antiquaire, géographe. Sa longue vie fut tout entière consacrée à la science. Il joignit au culte des grandes pensées et des grands travaux la religion des grands sentiments. Il eut toujours souci de la liberté, du progrès, de la justice, de la dignité humaine. Voyageur infatigable, les travaux qu'il fit sur les divers points du globe ont éclairci beaucoup de questions importantes, répandu des lumières nouvelles sur la géographie physique et sur la climatologie comparée. Il sentait la nature vivement ; il la pénétrait dans ses lois, l'expliquait dans ses harmonies. Les descriptions qu'il s'est plu à en donner sont imagées, entraînantes. A l'éclat, il alliait la profondeur, l'exactitude. La gloire qu'il conquit, l'influence qu'il mérita, la fortune qu'il eut, servirent à élargir les voies de l'esprit. Très-fier, très-susceptible, il souhaitait que son nom fût honoré, répété. Il tenait à prix que l'on s'occupât de ses travaux, de sa personne. Causeur abondant, original, spirituel, varié, il s'appliquait à plaire. Avec de la jovialité, de la bienveillance, il avait du mordant, un certain fonds de misanthropie. Son âme était exquise et sa parole souvent satirique. Comme Newton il oublia ou dédaigna les femmes. Il semble qu'il ait eu quelques ambitions trompées qui, de loin à loin, assombrirent encore son humeur en vieillissant. Il était d'une extrême sensibilité nerveuse qui le rendait mobile dans ses impressions, l'inclinait à la mélancolie. Facilement il s'irritait, devenait violent contre toutes les lâchetés, contre l'injustice, la sentimentalité, l'affectation. Probe, vrai, excellent, le charlatanisme, la pédanterie, la méchanceté, le révoltaient. Ardent au travail, la mollesse le courrouçait. Il y avait enfin mille contrastes en son caractère. Était-ce parce qu'il avait en ses veines le sang de deux races ? Il tenait, en effet, à l'Allemagne par son père, à la France par sa mère.

Il naquit à Berlin, en 1769, le 14 septembre. C'est l'année de Wellington, de Napoléon, de Cuvier. Son père, Alexandre-Georges de Humboldt, seigneur de Hadersleben, Ringeswald et Tegel, servait dans la cavalerie prussienne, où il devint major au régiment de dragons de Finkenstein. Pendant la guerre de Sept Ans, si rude et si glorieuse pour la Prusse, il fut l'un des aides de camp du duc Ferdinand de Brunswick, qui le chargea souvent de rapports verbaux pour Frédéric II. A la paix, en 1765, le major de Humboldt fut nommé gentilhomme de la chambre et attaché au prince de Prusse. Il avait épousé, en 1761, la veuve du baron de Holwede, qui était une Colomb, cousine de la princesse de Blücher et nièce du président de Colomb à Aurich. La famille de Colomb était française, originaire de la Bourgogne, où elle possédait d'importantes verreries. Attachée au protestantisme, elle émigra en Allemagne lorsque Louis XIV révoqua l'édit de Nantes. Il en eut deux fils. L'aîné, Charles-Guillaume, né le 22 juin 1767, à Potsdam, acquit de la célébrité comme ministre et philologue. Le second, Frédéric-Henri-Alexandre, celui dont nous nous occupons, vint au monde deux ans après. Élevés ensemble au château de Tegel, sur les bords du lac de Spandau, à trois lieues de Berlin, les deux frères eurent pour précepteurs des hommes distingués qui les initièrent aux premiers éléments des connaissances humaines. En 1783, ils vinrent chercher à Berlin des ressources plus larges, plus profondes, d'instruction. Quelques années après ils commencèrent leurs études académiques et suivirent d'abord les leçons de l'Université de Francfort-sur-l'Oder, qui jouissait alors d'une grande réputation. Ils allèrent ensuite se perfectionner à Gœttingue, dont les cours supérieurs dépassaient ceux de Leipzig et de Halle; c'était avant l'éclatante renommée d'Iéna, la première Université d'Allemagne.

La liaison qu'Alexandre eut vers ce temps avec Georges Forster excita puissamment son imagination et décida de son avenir. Forster avait fait avec Cook la seconde expédition autour du monde. Ses récits enchantèrent, ravirent Alexandre. Lui aussi il se sentit voyageur. Dès lors il se résolut à prendre possession du globe au nom de la science. Il s'y prépara avec enthousiasme. Il approfondit les connaissances déjà acquises, se rendit familier l'usage des instruments, agrandit la sphère de ses études, et partit alors seulement qu'il se sentit capable d'enrichir les différentes branches du savoir, de hâter les progrès de la civilisation, d'être utile à l'humanité.

Après beaucoup d'obstacles, de contretemps, il s'embarqua pour l'Amérique du Sud, le 5 juin 1799. Il avait pour compagnon de voyage Aimé Bonpland, médecin et botaniste, qu'il avait connu à Paris chez le docteur Corvisart. La traversée dura quarante et un jours; le voyage, cinq ans.

Humboldt étudia les régions équinoxiales sous tous leurs aspects, les interrogeant, les fouillant avec une activité, un zèle, une conscience qui jamais ne se ralentirent. Tour à tour sur les fleuves et sur les montagnes, dans les plaines et les vallées. Affrontant sans se plaindre les plus grands ennuis, se riant des maladies terribles qui sévissent en ces pays, courant sans sourciller les plus graves périls. Un jour, cherchant le cratère d'un volcan que le brouillard et la fumée lui dérobent, il est sur le point d'être englouti par l'abîme d'où jaillit la lave en fusion. Échappé à un danger, d'autres se présentaient. Deux fois il pensa se noyer. Ce fut d'abord sur l'Orénoque. Il quittait, avec son intrépide et infatigable ami Bonpland, la mission d'Uruana, le dimanche des Rameaux, à quatre heures du soir. Le vent était frais et à rafales quand on leva l'ancre. La pirogue portait mal la voile. Le patron voulut atteindre par une seule bordée le milieu du fleuve, en se tenant très-près du vent. Déjà il se targuait de sa dextérité, de la hardiesse de sa manœuvre, lorsque soudain la voile, trop enflée, entraîna le bateau sur l'une de ses bandes, qui se trouva submergée. Il y eut danger extrême de couler bas. L'eau pénétrait avec violence; bientôt les voyageurs en eurent au genou. Humboldt écrivait sur une petite table, à l'arrière; l'eau, en montant, se répandit sur ses papiers; il sauva à grand'peine son journal. Dans un instant, tout nagea : livres, plantes sèches. Bonpland, qui dormait étendu au milieu de la pirogue, fut réveillé par les cris des Indiens. Tout à coup le péril s'aggrava. L'effort du vent déchira les cordages. L'on songea à se sauver à la nage; heureusement l'on ne voyait point de crocodiles. Mais lorsqu'on croyait tout perdu, tout fut sauvé. La rafale, qui avait penché l'embarcation, servit à la redresser. Avec les fruits du Crescentia Cujete, on épuisa l'eau; on raccommoda ensuite la voile. En moins d'une demi-heure le dégât se trouva effacé. La pirogue reprit sa route. Le vent avait molli; les rafales, dangereuses pour des bateaux surchargés et non pontés, alternaient avec des calmes plats, événement fréquent dans cette partie de l'Orénoque que bordent les montagnes. « Nous fûmes sauvés comme par miracle, dit Humboldt. Le pilote opposait son flegme indien aux reproches dont on l'accablait pour s'être tenu trop près du vent. Il assurait froidement « que sur ces rives, les blancs ne manqueraient pas de soleil pour sécher leurs papiers. » Nous n'avions perdu qu'un seul livre. C'était le premier volume du *Genera plantarum* de Schreber, qui était tombé à l'eau. On est sensible à de telles pertes lorsqu'on est réduit à un petit nombre d'ouvrages de science. » L'année suivante, le 27 mars, à pareil jour, il courut égal danger, près de Carthagène des Indes. Il était parti de la rade du Zapote, au lever du soleil, par une mer houleuse et un vent furieux. L'on arriva sans accident dans l'archipel de San-Bernardo, entre l'île Salamanquilla et le cap Boqueron. Mais en quittant le golfe de Morosquillo, la mer devint si tempêtueuse que la petite embarcation était presque constamment sous l'eau. Vainement le capitaine chercha un abri à la côte. On profita d'un beau clair de lune pour courir des bordées en pleine mer. Pendant la nuit, le vent tomba. On vint mouiller près de l'île d'Arenas, par 78° 2' 10" de longitude (en supposant Carthagène à 77° 50'). Le 29 mars au matin, on mit de nouveau à la voile. On espérait entrer le même jour à Boca-Chica. La brise était violente. Il fallait remonter le courant avec vent contraire. La mer grossissait; les lames déferlaient en écumant sur le pont. On essaya de petites bordées. Quatre matelots formaient l'équipage; ils firent, en amarrant les voiles, une fausse manœuvre; peut-être

vint-elle du timonier ; quoi qu'il en soit, on se trouva en
péril de sombrer sous voile. Le capitaine eut peur et se
réfugia, vent arrière, dans une anse de l'île de Barù, au
sud de la Punta Gigantes (laquelle forme, avec l'île de
Pierra-Bomba, le vaste port de Carthagène). C'était le
salut.

Si les éléments avaient des menaces, les hommes
avaient des piéges. Échappait-il aux uns, Humboldt
devait éviter les autres. A peine arrivé près de l'île de
Barù, il se détermina à descendre à terre. Il y avait
précisément cette nuit-là une éclipse de lune, qui devait être suivie, le lendemain, d'une occultation de α
de la Vierge. L'observation du dernier phénomène
était très-importante pour la longitude de Carthagène.
Il insista pour avoir un matelot qui l'accompagnerait à
terre jusqu'au fortin de Boca-Chica. C'était cinq milles
à parcourir. Le capitaine s'obstina dans son refus, qu'il
basait sur l'état inculte de la contrée, où l'on ne trouve
ni habitations ni sentiers. Humboldt voulut du moins
étudier le littoral, y recueillir des plantes. La nuit était
claire. « A peine étions-nous près de terre, dans notre
canot, raconte-t-il, que nous vîmes sortir des brous-
sailles un jeune nègre tout nu, chargé de chaînes et
armé d'un coutelas. Il nous engageait à débarquer sur
une plage couverte de gros palétuviers, comme dans un
endroit où la mer ne brisait pas ; il offrait de nous conduire dans l'intérieur de l'île de Barù, si nous voulions
lui promettre quelques vêtements. Son air rusé et fa-
rouche, la question souvent répétée si nous étions Espa-
gnols, des paroles inintelligibles adressées à des com-

pagnons qui restaient cachés derrière les arbres, nous inspiraient quelque défiance. Ces noirs étaient, à n'en pas douter, des nègres *marrons,* des esclaves échappés de la prison où on les tenait dans les fers. Cette classe de malheureux est le plus à redouter; ils ont le courage du désespoir et un désir de vengeance excité par la rigueur des blancs. Nous étions sans armes. Ils paraissaient être plus nombreux que nous, et ils nous engageaient peut-être à débarquer pour se mettre en possession de notre canot. Nous crûmes qu'il était prudent de retourner à notre bord. L'aspect d'un homme nu, errant sur une plage inhabitée, n'ayant pu briser les chaînes qui entouraient son col et le haut de ses bras, nous laissait des impressions bien douloureuses. Elles ne pouvaient être augmentées que par les regrets féroces de nos matelots, qui auraient voulu retourner à terre et saisir les fugitifs, pour les vendre en secret à Carthagène. Dans les climats où règne l'esclavage, les âmes se familiarisent avec l'aspect de la douleur et étouffent cet instinct de la pitié qui caractérise et élève la nature humaine. »

On peut dire de Humboldt qu'il avait le zèle de la science, comme le soldat le zèle de l'honneur. Dangers, maladies, hasards, fatigues, rien ne l'effrayait. Ce qui l'occupait avant tout, c'était le but à atteindre. Il y marchait d'abord. S'il rencontrait des obstacles, il luttait, ne se retirait qu'à la dernière extrémité. Quand il avait une observation à faire, quoi qu'il pût arriver, il s'y mettait. C'est ainsi que l'éclipse de soleil du 28 octobre 1799, qu'il observa à Cumana, pensa lui être doublement funeste. Il lutta d'abord cinq à six jours contre les nuages afin de prendre des hauteurs correspondantes. Tant de préparatifs pour observer ce phénomène furent près d'être inutiles. « Le 27 octobre au soir, dit-il, me promenant sur la plage, un assassin indien, muni d'un *macana* (sorte de massue en bois de palmier), manqua de me donner un coup sur la tête, qu'il porta après à mon compagnon de voyage. M. Bonpland resta sans connaissance. Il ressentit longtemps les suites de cet accident. »

Cependant la journée fut belle, le ciel serein, azuré. Le soleil brillait avec tant de force qu'Humboldt, exposé à ses rayons pendant dix heures et demie, se retira le visage brûlé. L'inflammation devint si intense, qu'il y eut à craindre les suites dangereuses qu'ont les coups de soleil dans de tels climats. Seul, dans l'Amérique méridionale, à observer cette éclipse, et l'observation qu'il faisait alors étant la première de ce genre, Humboldt ne pensait point que sa santé dût souffrir, qu'il pût payer de sa vie son ardeur pour la science. Ses yeux restèrent douloureux et affectés jusqu'au 31 octobre; c'est alors seulement qu'il vérifia la position des fils.

Doué d'une volonté puissante, d'une énergie corporelle à toute épreuve, Humboldt ne donnait au repos que les heures strictement nécessaires. Le soir, après de longues marches, de laborieuses études sur les montagnes, dans les déserts, il livrait encore une partie de la nuit aux observations astronomiques. Les difficultés qu'il avait à vaincre étaient de toute nature. En mer, il était contraint d'opérer avec ses instruments plongés .

dans de demi-ténèbres, afin que son embarcation échappât à la vue et ne fût pas prise par des ennemis, car la guerre était alors générale. A terre, les vapeurs offusquaient la transparence de l'air dans les plaines basses de l'Amérique; des myriades d'insectes le dévoraient; de petits reptiles, des coléoptères, des araignées interceptaient l'horizon artificiel sur lequel la faible clarté d'une torche de copale permettait à la lumière des astres de se réfléchir. Avec des instruments de réflexion dépourvus d'un cercle astronomique répétiteur, il devait y suppléer pour déterminer avec précision la longitude et la latitude des lieux, en observant les distances de la lune tant par le soleil que par les étoiles, et en évaluant les hauteurs méridiennes des astres. Il fit toutes les nuits, pendant cinq ans, de semblables observations sur un trajet de terre et de mer d'une étendue de 35 degrés en latitude et de 92 en longitude. Encore n'était-il point satisfait d'exécuter et de noter ses nombreuses observations; souvent il les calculait, dérobant aux rares instants qu'il accordait au sommeil.

De ses observations astronomiques et barométriques, Humboldt obtint la connaissance exacte de 700 positions géographiques et la mesure précise de 540 hauteurs. Moisson précieuse dont se sont enrichis la géographie, l'art nautique, la météorologie, la zoologie, la botanique. Dès lors, on connut mieux la direction des montagnes de la Sierra-Parima et des Andes, l'altitude des hauts plateaux du Pérou et du Mexique, les élévations des cimes d'un grand nombre de montagnes de la chaîne des Andes, qui tantôt s'élancent dans les nues, tantôt se réduisent en collines.

Il s'assura, par une navigation de 540 lieues marines, de vingt au degré, sur l'Orénoque, l'Atabapo, le Rio-Negro et le Cassiquiare, que les eaux de l'Orénoque communiquent avec celles du Rio-Negro. Ainsi se trouva vérifiée l'hypothèse de La Condamine et furent renversés les doutes émis par le géographe Philippe Buache, doutes que partageaient beaucoup de savants.

Malgré tant de travaux, Humboldt n'avait garde de négliger ses collections, qui sont la gloire et la richesse du voyageur. Mais que de difficultés, d'obstacles, pour ne les point perdre! Si un long voyage de terre est très-propre pour faire quantité d'observations, il rend bien difficiles la conservation et le transport des objets recueillis. A l'époque du voyage de Humboldt en Amérique, la guerre maritime l'obligeait à se tenir loin des côtes. Pour s'assurer de la propriété et de la conservation des collections, il les eut pendant cinq ans avec lui. Le nombre des caisses augmenta au point d'occuper vingt-cinq bêtes de somme. Il fallait avoir un si grand encombrement d'hommes et d'animaux dans les forêts, parmi les savanes, sur le dos des Cordillères.

Jamais cette vie dure, agitée, inquiète, pleine des soucis de la science et hérissée d'obstacles, à chaque instant menacée par les hommes, les éléments, les carnassiers de toute espèce, ne lui arracha un regret, un soupir, une plainte. Cette liberté, au milieu des solitudes, lui plaisait. Il trouvait un charme indicible à camper par ces belles nuits des tropiques. Que de fois

cependant, étendu dans son hamac, il vit s'approcher
d'énormes crocodiles attirés par le feu! Mais il était
calme, tranquille, assuré en toute rencontre. A Turbaco, dans un site dangereux, envahi par les reptiles,
il ne s'émeut que de la beauté du paysage, du bonheur
de vivre, maître de lui-même, loin des hommes, en
face d'une nature puissante, avec un ami de son choix.
« Peu de séjours dans la région tropicale, raconte-t-il,
m'ont paru plus délicieux que le séjour de Turbaco.
Le village est probablement élevé de plus de 180 toises
au-dessus du niveau de la mer. Les serpents y sont
très-fréquents et viennent chasser les rats jusque dans
l'intérieur des maisons. Grimpant sur les toits, ils y
font la guerre aux chauves-souris, dont le cri nous in-
commodait souvent pendant la nuit. Les cabanes des
Indiens couvrent un plateau à pentes rapides, de sorte
que la vue plonge partout sur des vallons ombragés
qu'arrosent de petits ruisseaux. C'est de la terrasse qui
entourait notre maison que nous jouîmes, surtout au
lever et au coucher du soleil, de l'aspect imposant de la
Sierra-Nevada de Santa-Marta. » Turbaco est un village indien (l'ancien Taruaco), situé dans un canton
délicieux, mais sauvage, à l'entrée d'une vaste forêt, à
cinq lieues environ au sud-sud-est de la Popa (colline
qui domine Carthagène), et à 35 lieues marines de la
Sierra-Nevada de Santa-Marta, groupe colossal de
montagnes dont les points culminants, excédant trois
mille toises, ferment l'horizon vers l'est-nord-est. Humboldt et Bonpland avaient à leur disposition l'ancienne
habitation construite par l'archevêque vice-roi Gon-

gora. Ils y séjournèrent le temps nécessaire aux apprêts de leur navigation sur le Rio-Magdalena et pour le long voyage de terre projeté de Honda à Bogota, Popayan et Quito. Cette courte station dans ses jours de marche et d'études sans fin à travers l'Amérique lui est restée au cœur comme un souvenir de bonheur. Quand plus tard, bien plus tard, ses yeux redescendaient le passé, ils s'arrêtaient émus sur ce coin de terre lointain et ignoré. Les aromes de la forêt lui revenaient; il sentait passer sur ses traits fatigués, ennuyés, le vent frais qu'il recevait jadis des montagnes Et cependant ce n'était point un repos stérile et inoccupé qu'il goûtait dans ce village indien. La vie qu'il y menait était simple, mais laborieuse. « Jeunes, dit-il, unis de goûts et de caractères, toujours pleins d'espérance dans l'avenir, à la veille d'un voyage qui devait nous conduire aux plus hautes cimes des Andes, à la vue des volcans enflammés, dans un pays perpétuellement agité par les tremblements de terre, nous nous sentions plus heureux qu'à aucune autre époque de notre expédition lointaine. » Avec quelles délices il se souvient de ces herborisations à Turbaco, de la petite source du Torecillo, de la découverte d'une Gustavia en fleur, ou du Cavanillesia chargé de fruits à côtes membraneuses et diaphanes! Quel plaisir il avait à enrichir ses collections botaniques! Bien des années après, lorsque de nouveaux voyages avaient occupé son esprit, fait battre son cœur, c'est toujours vers cette région circonscrite qu'il revient dans ses souvenirs. « Encore aujourd'hui, écrit-il en 1825, après un si long intervalle de temps, revenant des bords de l'Obi et des confins de la Dzongarie chinoise, ces forêts de bambousiers, cette sauvage abondance du sol, ces orchidées tapissant les vieux troncs d'ocotea et de figuier de l'Inde, cet aspect majestueux des montagnes neigeuses, ce brouillard léger couvrant au lever du soleil le fond des vallées, ces bouquets d'arbres gigantesques, se présentent sans cesse à mon imagination. »

Il ne traversa point l'Amérique en savant impassible aux misères humaines, uniquement occupé d'études, de recherches, d'observations. Le sauvage l'intéressait, il l'aimait; il s'efforça dans ses écrits de dissiper les préjugés qui lui sont défavorables, de le secourir, de le servir même dans l'infortune. C'était à l'époque de la domination espagnole qu'il accomplissait son voyage, domination lourde, cruelle, dont l'âpreté fiscale allait jusqu'aux dernières limites. « Lorsqu'on dit, écrit-il, que le sauvage, comme l'enfant, ne peut être gouverné que par la force, on établit de fausses analogies. Les Indiens de l'Orénoque ont quelque chose d'enfantin dans l'expression de leur joie, dans la succession rapide de leurs émotions, mais ce ne sont pas de grands enfants; ils le sont aussi peu que les pauvres laboureurs de l'est de l'Europe, que la barbarie de nos institutions féodales a maintenus dans le plus grand abrutissement. Regarder l'emploi de la force comme le premier et l'unique moyen de la civilisation du sauvage est d'ailleurs un principe aussi peu vrai dans l'éducation des peuples que dans l'éducation de la jeunesse. Quel que soit l'état de faiblesse ou de dégradation de notre espèce, aucune faculté n'est entièrement éteinte. L'entendement humain offre seulement divers degrés de force et de développement. Le sauvage, comme l'enfant, compare l'état présent avec l'état passé; il dirige ses actions, non d'après un instinct aveugle, mais d'après des motifs d'intérêt. Partout la raison peut être éclairée par la raison, et ses progrès seront d'autant plus retardés, que les hommes qui se croient appelés à élever la jeunesse ou à gouverner les peuples, enorgueillis par le sentiment de leur supériorité, méprisant ceux sur lesquels ils doivent agir, voudront substituer la contrainte et la force à cette influence morale qui seule peut développer les facultés naissantes, calmer les passions irritées et affermir l'ordre social. » Ces sentiments généreux n'étaient point théorie vaine; à toute occasion Humboldt témoignait de leur sincérité et les mettait en pratique. Chose étrange! sans aimer les hommes, il aima toujours à les servir; avec un esprit satirique à l'endroit de l'humanité, il se plut à en montrer la grandeur, à en faire valoir la dignité.

Avant de partir de l'Esmeralda pour les sources de l'Orénoque, il se chargea de plaider, près du gouvernement espagnol, la cause des habitants qui se disent blancs et de race européenne. Ils voulaient retourner dans les Llanos (steppes), ou, du moins, ils sollicitaient leur transplantation dans les missions du Rio-Negro, pays plus frais et moins exposé aux insectes. Les pauvres gens s'écriaient que, quelque graves que pussent avoir été leurs fautes, ils les avaient expiées pendant vingt ans de tourments dans un essaim de moustiques.

Humboldt plaida chaleureusement la cause des pro-
scrits dans un rapport sur l'état industriel et commercial
des contrées du haut Orénoque. Toutefois, les démar-
ches qu'il tenta demeurèrent infructueuses.

Cependant il approchait du terme de son voyage; il
avait atteint le but qu'il s'était proposé. Il pensa à revenir : ce ne fut pas sans regret. L'Amérique lui avait
donné les premières émotions qu'il eût encore vivement ressenties. Nous tenons aux lieux comme aux
êtres à qui nous devons des bonheurs encore ignorés.
L'Amérique fut pour Humboldt comme une patrie de
cœur qu'il aima éternellement, parce qu'elle lui donna
son premier amour, les premières ardeurs, les premiers
enthousiasmes de la jeunesse.

Il débarqua le 3 août 1804 à Bordeaux, se rendit à
Paris, y resta jusqu'en 1827, ne quittant la France que
pour de rapides excursions en Allemagne et en Italie

C'est de la cinquième année de son retour en Europe
que date sa liaison avec François Arago. Faits l'un et
l'autre pour s'estimer, s'apprécier, leur amitié dura
près d'un demi-siècle. Dans l'Introduction placée en
tête de la collection des œuvres du grand astronome
français, Alexandre de Humboldt témoigne d'une ad-
miration aussi sincère qu'affectueuse. Il avoue, avec
une candeur d'âme charmante, que l'intimité profonde
qui les unissait d'esprit et de cœur contribua au bonheur de sa vie. Ils aimaient l'un et l'autre à s'entretenir
de leurs travaux et de leurs projets scientifiques. Ce fut
Humboldt qui fit les premiers pas. Arago arrivait d'Al-
ger, en juillet 1809. Il avait parcouru les côtes d'Afrique,

après être resté longtemps prisonnier dans une citadelle
d'Espagne, à la suite de travaux de triangulation effec-
tués pour joindre les îles Baléares au continent et obtenir la longueur d'un arc de parallèle terrestre. A peine
connut-il son débarquement au lazaret de Marseille,
qu'il lui adressa ses félicitations. Cette lettre fut la première que le voyageur reçut en Europe. Il en conserva
un vif et long souvenir. Voici en quels termes il parle de
cet épisode dans l'*histoire de sa jeunesse* : « La première lettre que je reçus de Paris renfermait des témoi-
gnages de sympathie et de félicitations sur la fin de mes
pénibles et périlleuses aventures; elle était d'un homme
déjà en possession d'une réputation européenne, mais
que je n'avais jamais vu. M. de Humboldt, sur ce qu'il
avait entendu dire de mes malheurs, m'offrait son amitié. Telle fut l'origine d'une liaison qui date de près de
quarante-deux ans, sans qu'aucun nuage l'ait jamais
troublée. »

Dès qu'ils se virent, ils projetèrent un voyage dans
l'Asie centrale et le Thibet. Mais Arago, succédant à
Monge dans sa chaire d'*Analyse appliquée à la géomé-
trie*, fut retenu à Paris par les devoirs du professorat.
Humboldt acheva ses préparatifs de départ. Il avait été
sollicité par un ministre russe, Romanzow, de se joindre
à une mission dirigée sur le Thibet par Kaschghor. Il
pensait partir au commencement de 1812, mais la guerre
qui éclata alors entre la France et la Russie vint ajour-
ner un projet dont la réalisation lui eût permis de visiter
les montagnes de l'Inde et d'étudier leurs rapports avec
les Cordillères du Nouveau Monde. Il n'abandonna

jamais la pensée de ce voyage, qui avait à ses yeux un charme particulier. Il se livra à l'étude du persan pour se rendre un jour à ses frais dans l'Inde par Téhéran ou Hérat. Il crut enfin partir en 1818 avec l'appui du gouvernement français et un secours annuel du roi de Prusse. Mais il se trouva encore des circonstances hostiles ; il fallut attendre.

Humboldt se plaisait fort à Paris, où son esprit était goûté et sa personne recherchée. Il tenait aussi notre langue en grande prédilection, et c'est en français qu'il écrivit la plupart de ses ouvrages. Quand, sur les instances de son frère Guillaume et les prières du roi, il se décida à revenir dans la patrie allemande et à se fixer à Berlin, il se considérait comme exilé. Il appelait la Prusse un ennuyeux pays, la capitale, une ville anti-mélodique, un vrai désert intellectuel, Potsdam, un séjour maussade, Sans-Souci, la triste colline historique. Malgré l'accueil flatteur qu'il trouva à Berlin, où les cours publics qu'il professa sur les différentes branches des sciences naturelles furent suivis avec empressement, il tournait incessamment ses regards, ses pensées, vers Paris. Il s'écoula rarement une année sans qu'il y vînt et y séjournât.

Cependant sa position était considérable à Berlin. Il avait été appelé au conseil privé, avec le titre d'excellence, ce qui lui donnait le rang et les prérogatives d'un ministre. Il vivait dans l'entourage du roi, dont il était chambellan, l'accompagnait à Potsdam, à Sans-Souci, le suivait dans ses voyages, avait un appartement dans tous les châteaux de Sa Majesté. Directeur général des mines, membre de toutes les Académies scientifiques

du monde, dignitaire des principaux ordres de chevale-
rie, possédant un revenu annuel de 3oo,ooo florins, son
influence allait croissant. Ses relations avec le grand
monde berlinois étaient des plus actives et des plus cor-
diales. Savants, souverains, ministres, tous avaient à
cœur d'avoir son amitié. Sa correspondance était immense. Il s'occupait de toutes les manifestations quelque
peu importantes de l'intelligence dans les diverses parties du monde civilisé.

L'âge d'ailleurs n'affaissait point cette volonté éner-
gique. A soixante ans, son génie brillait de la plus vive
splendeur; son corps était sain et vigoureux. Il se sentait encore assez fort pour entreprendre un voyage de
longue durée à travers le haut pays de l'Asie centrale,
parmi ces contrées qu'il avait toujours désiré de voir et
qui promettaient à la science des trésors si précieux.
L'empereur de Russie lui en fit l'invitation, s'engageant
à subvenir à tous les frais. Humboldt accepta avec joie.
Il partit de Berlin le 12 avril 1829, accompagné du chimiste et minéralogiste français Gustave Rose, du botaniste et zoologiste allemand Ehrenberg, de l'ingénieur
russe Menschenin, officier supérieur dans le corps im-
périal des mines. Le voyage absorba neuf mois, pendant lesquels on parcourut une étendue de 4,200 lieues
communes de France de 25 au degré (soit 2,3oo milles
géographiques). Les résultats de cette longue exploration ont été consignés dans des ouvrages où chacun des
voyageurs traite des matières qui lui étaient les plus
spéciales. Les diverses hauteurs de la région des neiges
éternelles dans les différentes chaînes de montagnes, les

altitudes des hauts plateaux furent examinées et prises avec soin. Humboldt, le premier, démontra leur influence sur la température et le climat des continents, et fit connaître que les Monts Elbruz de la Perse et la chaîne de l'Hindou-Rho (le Caucase indien des historiens d'Alexandre) ne sont pas, comme on l'avait cru jusqu'ici, des rameaux des monts Himalaya, mais du Kouen-Lun, autre grande chaîne du continent asiatique. Il rapporta encore de ce voyage des observations sur le magnétisme terrestre, et de magnifiques descriptions des grands steppes de l'Asie. Il fit, à son retour, établir par le gouvernement russe des stations magnétiques et météorologiques de Saint-Pétersbourg à Péking, que les Anglais imitèrent pour l'hémisphère austral.

Ce voyage d'exploration accrut l'importance scientifique de Humboldt, en même temps qu'il donna à sa gloire une nouvelle consécration. A son retour à Berlin, le 28 décembre 1829, il vit se resserrer les relations déjà amicales qu'il entretenait avec Francois-Guillaume IV. Le roi, qui connaissait la prédilection du savant et qui voulait l'honorer d'une marque de faveur qui lui fût particulièrement agréable, l'envoya, au mois de septembre 1830, à Paris, en qualité de diplomate, chargé de complimenter Louis-Philippe. En février, il reçut encore une mission politique. Il semble que les affaires eussent été du goût d'Alexandre de Humboldt et qu'il se fût plu à y jouer un rôle actif. Les circonstances le ramenèrent aux travaux scientifiques et littéraires et l'y retinrent exclusivement. En éprouvait-il du dépit, un accroissement de misanthropie? Nous ne savons ; tou-

jours est-il qu'il fut l'ennemi de tous les ministres qui
se succédèrent, bien que restant le commensal assidu
et recherché de la cour, l'ami du roi, des princes, dont
il avait l'estime. Il se sentait d'ailleurs beaucoup de faiblesse, et s'y laissait aller, pour les réunions choisies.
Il aima toujours le grand monde. Cela l'occupait, lui
coûtait un temps précieux, lui créait de nombreuses
occupations; mais il ne s'en pouvait passer. La cour
surtout et sa société lui étaient une vieille habitude.

« C'est un endroit comme un autre, disait plaisam-
ment Varnhagen, où il va passer sa soirée et boire sa
chope. »

Il fallait qu'il y allât. De même dans la haute société
de Berlin et de Paris. Il recevait de plus assez volontiers. Les heures qui s'envolaient ainsi, à jamais per-
dues pour les travaux qu'il avait en train ou en projet,
il essayait de les ressaisir en les arrachant au sommeil.
A peine dormait-il quatre heures. Dans les dernières
années, il accorda davantage au repos sans rien chan-
ger à sa manière de vivre. Il était beau parleur, écouté,
et il eut toujours grand charme à causer. Pour avoir été
trop sensible aux applaudissements de salon, il mourut
sans avoir achevé son ouvrage sur les Régions équinoxiales, sans avoir complété son *Cosmos*. Ce qu'il
laissa cependant est immense, car il avait une merveilleuse facilité d'assimilation, le travail facile, une mémoire prodigieuse. Le parti des gens graves, qui est
souvent le parti des sots, le traitaient sans façon de ba-
vard assez agréable, et prétendaient que ses discours
n'avaient aucune consistance, ce qui le blessait sans

l'irriter. Mais ce qui l'irritait sans le blesser, c'étaient les obsessions, les calomnies, les tentatives de conversion dont il se voyait l'objet de la part de l'intolérantisme protestant et de la coterie aristocratique des hobereaux rétrogrades. Quand, en 1845, parut le *Cosmos,* tous les obscurantistes jetèrent les hauts cris et se répandirent en invectives ou en niaiseries contre le livre et l'auteur.

Ce livre qui, tout en remontant à l'existence des lois, en les généralisant progressivement, reconnaît partout que les phénomènes et les événements qui constituent la nature obéissent à une première impulsion donnée ; où il est partout question de création et de choses créées, éveilla les susceptibilités étroites des ultras de tous les partis et de toutes les communions. *La Gazette du Rhin et Moselle,* dans son numéro du 29 mai 1845, déclara Humboldt coupable de voltairianisme ; l'accusa de nier toute révélation, de comploter avec Marheineke, Bruno Bauer et Feuerbach, qui passent pour matérialistes. On dit au roi que c'était un livre anti-chrétien, démagogique. En Angleterre, les attaques furent tout aussi mesquines et non moins vives. Le docteur Cross publia dans la *Revue de Westminster* un long article où il s'efforce de prouver que le style du *Cosmos* est lâche et excessivement médiocre ; que les appels fréquents qui y sont faits au sentiment sont superflus. Il ajoute qu'un pareil livre ne contient rien de neuf ; enfin il le dénonce comme athée. En 1846, la *Quaterly Review,* n'osant attaquer le fond, s'en prenait au style et le trouvait prolixe, traînant ; elle prétendait que Humboldt n'avait jamais écrit une page *of vivid expression.* Dans

les discussions des chambres belges, des orateurs le
traitèrent de matérialiste et de républicain bon à desti-
tuer. Des dames d'Elberfeld se liguèrent pour travailler
à la conversion du libre penseur, du rationaliste, de
l'impie; elles accablaient l'illustre vieillard de lettres
anonymes. Il y eut une tentative de conversion qui se
produisit sous la forme d'une histoire de revenants, laquelle, dit Humboldt, avait tout l'air d'une idylle. La
politique s'y mêlait à la religion; le style en était bour-
souflé. Il pensait que c'était plutôt l'œuvre d'un homme
que d'une femme. Il fit part de l'aventure à Varnhagen,
qui en donne le résumé dans une note sur la lettre de
Humboldt du 26 avril 1855. « Une inconnue se permet
de transmettre des paroles émanées de la puissance
de l'esprit. Elles lui sont données avec ordre d'agir
ainsi. Si Humboldt répond, il doit adresser sa lettre
aux initiales A. W., à la boutique au rez-de-chaussée à
gauche de la porte cochère de la Lendenstrasse, n° 120,
et alors on lui donnera de plus amples détails. On dé-
crit un voyageur qui se repose. Guillaume apparaît à
son frère Alexandre et l'engage à penser au royaume
des cieux; il lui dépeint les magnificences de ce séjour
et les ténèbres qui règnent sur la terre. Comme signe de
reconnaissance, il lui rappelle le dix-huitième anniver-
saire si doux où ils se jurèrent amitié, serment qui engage par de là même le tombeau et qu'il accomplit par
cette exhortation... » De l'Amérique du Nord lui vinrent
aussi de pressantes sollicitations à rentrer dans le giron
du bigotisme et à battre les voies étroites des églises
réformées. La lettre qu'il reçut dans ce sens en 1852 et

signée « Auguste Gran, de Votre Excellence le très-dé-
voué serviteur et frère en Christ », est à la fois empreinte
de singularité et de bonhomie. Après avoir prodigué la
louange et le respect au célèbre naturaliste, l'auteur
déplore que les savants, les philosophes et les poëtes
restent indifférents à leur sort heureux ou malheureux
dans l'autre monde. « Gœthe, Schiller, Wieland, Kant,
dit-il, et bien d'autres, étaient tous des caractères distingués et de brillants esprits, et menaient plus ou moins
ce qu'on appelle une vie morale, en ce sens qu'ils se
sont peut-être abstenus des jeux de cartes et de quilles,
du spectacle et de la danse ; mais leur sphère d'action
est restée en dehors de l'éternité, et le sort de leurs semblables dans l'autre monde, leur salut, ils ne s'en sou-
ciaient pas. » Il se désole de voir la piété si rare chez
les princes et même chez les prédicateurs des cours.
Puis, en termes pressants et émus, il le presse, il le sol-
licite de chasser Satan de son cœur et de le remplacer
par le Christ, car on ne peut servir deux maîtres à la
fois. Le pieux correspondant termine ainsi : « Je ne
suis pas digne de délier les cordons de vos souliers,
bien que je me sois occupé d'étudier les principes de
dix-sept langues différentes, et qu'à cette heure encore
je puisse lire en sept idiomes divers les livres du
Nouveau Testament. Mais depuis trente et un ans,
non-seulement je suis fermement convaincu de la
vérité de la religion chrétienne, mais encore je sens
chaque jour et presqu'à toute heure les influences de
l'esprit saint. » Humboldt tint l'épître pour une curio-
sité psychologique et l'envoya à Varnhagen avec cette

annotation : « Une tentative de conversion venant de l'État de l'Ohio. »

Tout cela n'était que de l'ennui, et comme le bord de la coupe; il trouva l'amertume, la tristesse, le dégoût, le chagrin, quand ses lèvres pénétrèrent plus avant. Gloire, fortune, honneurs, tout se compense ; l'affliction est à côté du sourire. Il le savait. Il écrivait un jour à son vieil et fidèle ami, en lui parlant d'une jeune fille admirablement douée, Mlle Ludmilla Assing, artiste et poëte en même temps : « Un si beau talent d'artiste et tant de facultés littéraires réunies en une seule et même personne, c'est un luxe rare. Des dons pareils peuvent devenir une source de maux. Le monde tel qu'il est ne supporte pas ce cumul; il a un système vengeur de compensation entre les plaisirs et les peines. » Humboldt eut ses insulteurs, ses envieux, ses jaloux, comme tous les triomphateurs. Leurs attaques ne le trouvèrent point toujours stoïque.

Varnhagen écrit dans son journal, à la date du 26 décembre 1845 : « Humboldt est venu me voir, il est resté près de moi plus d'une heure. Il m'a fait de singulières confidences. Il m'assure que, sans ses relations à la cour, il ne pourrait pas vivre ici, qu'on l'expulserait, tant il est détesté des *ultras* et des piétistes; c'est, ajoute-t-il, quelque chose d'incroyable que la manière dont on cherche à prévenir le roi contre moi. Dans les autres pays de l'Allemagne on ne me souffrirait pas davantage, dès que je ne serais plus protégé par l'éclat de ma position. »

Les misérables haines qu'il avait à subir accentuaient

encore le caractère de misanthropie qu'il conserva toujours et lui faisaient prendre le temps et les hommes en pitié. « Le triste temps où nous vivons ! » disait-il souvent. Il ne se pouvait défendre contre cet envahissement fréquent d'abattement et de tristesse dont il se plaint dans quelques-unes de ses lettres à Varnhagen. Celui-ci écrit, le 24 novembre 1851, dans son journal : « Insinuations qu'on cherche à propager contre Humboldt. Les petits et les médiocres, qui sentent bien leur néant en présence d'un grand homme, unissent contre lui leur envie et leurs haines, et s'imaginent être ainsi quelque chose. L'un aborde l'autre en souriant, lui confie l'antipathie qu'il éprouve, les faiblesses et les défauts qu'il a découverts. L'autre accueille ces confidences avec joie et répond sur le même ton ; ils se serrent les mains avec satisfaction, et les voilà, dès ce moment, amis et ligués pour toujours contre le héros. Les plus fidèles soi-disant se prêtent à ces intrigues. Prises isolément, elles n'ont pas d'importance, mais toutes ensemble elles produisent leur effet ; elles rendent la vie pénible, empêchent et corrompent le bien, minent le contentement et la bonne humeur. Gœthe a souffert de cette engeance, Humboldt en souffre aussi. Les faiblesses de Humboldt sont connues, il n'en fait pas mystère, il se laisse voir tel qu'il est ; mais qu'on ne touche pas à la grandeur de son esprit et à celle non moindre de son cœur ! et quatre-vingts ans ! quel boulevard ! quels peuvent donc être les malheureux qui osent s'y attaquer ? »

Il ripostait vivement aux insinuations perfides. Un

des principaux meneurs du parti ultra-réactionnaire lui ayant dit, en manière de plaisanterie :

« Il paraît que Son Excellence va maintenant très-souvent à l'église ?

— Le *maintenant* est très-aimable de votre part, répondit-il aussitôt ; vous voulez m'indiquer ainsi le moyen de faire mon chemin. »

Il se délectait à flageller les hypocrites et les rétrogrades. Montrant à Varnhagen un caméléon vivant :

« C'est le seul animal, lui dit-il, qui puisse diriger un de ses yeux en haut, tandis qu'il dirige l'autre en bas ; cependant, ajouta-t-il, nos prêtres le peuvent aussi, car d'un œil ils regardent le ciel et de l'autre les biens et les avantages de ce monde. »

Il disait avec énergie, rudesse même, ce qui froissait ses idées libérales, sa haute et lumineuse raison. Il ne ménageait qui que se soit qui fût hostile à la civilisation, au mouvement ascensionnel de l'intelligence humaine, au perfectionnement du cœur. Sa raillerie indignée atteignait jusqu'au roi, que cependant il aimait ; son mépris descendait en traits de flamme sur ses ministres, qu'il n'aima jamais. Il avait particulièrement en horreur le ministre des cultes, de Raumer, qu'il trouvait grossier, impudent, plein de haine pour tout savoir. Il déplorait sa funeste influence. « Le roi, disait-il en 1853, hait et méprise tous ses ministres, mais surtout celui-là ; il en parle comme d'un ruminant ; ce qui l'agace surtout, c'est que Raumer va toujours à l'encontre de ses désirs. » Et comme Varnhagen observait que le roi conservait ce ministre, Humboldt répondit :

« Comme il les garde tous, par cela seul qu'il les a et que tout changement est pour lui un travail pénible. »

Il resta ferme dans ses idées, constant dans ses opinions, persévérant dans son caractère, fidèle à ses souvenirs, à ses amitiés. Même au déclin de sa vie, lorsque déjà les forces commencèrent à le trahir, il fut inébranlable.

Quand vinrent les premiers signes qui présagent que bientôt nous partirons de ce monde, il resta, gai caustique, mordant, satirique. Le 18 mars 1857, il disait en riant :

« J'ai sérieusement pensé à la mort, comme un homme qui part ayant encore beaucoup de lettres à écrire. »

Il eut vers ce temps une attaque d'apoplexie dont il guérit. Mais dès lors ce puissant organisme alla s'affaiblissant.

Le 15 mars 1859, Humboldt publia dans la *Gazette de Voss* une lettre où il se plaignit de la diminution de ses forces physiques et intellectuelles, priant les personnes qui lui « veulent du bien de tâcher d'obtenir qu'on s'occupe moins de sa personne dans les deux continents, et qu'on ne se serve pas de sa maison comme d'un bureau d'adresses, afin qu'il lui reste un peu de loisir et de repos pour le travail. » Il recevait alors par an 3,000 lettres, brochures ou manuscrits Dans le nombre, il y en avait sur des objets qui lui étaient étrangers ; on lui demandait des avis sur les manuscrits ; on lui soumettait des projets d'émigration et de colonisation, des modèles de machines et d'objets d'histoire naturelle; on l'interrogeait sur les aérostats; on lui faisait des demandes d'autographes, des offres de le soigner, de le distraire. Il lisait quatre cents lettres par mois. Un grand nombre commençaient ainsi : « Mon vieillard, » ou « Noble et jeune vieillard, » ou bien encore : « Caroline et moi nous sommes heureux, notre sort est entre vos mains. »

Des personnes de Nebraska lui écrivirent pour lui demander de vouloir bien leur dire où les hirondelles passent l'hiver. Son ami Varnhagen, pensant que la question était encore irrésolue : -

« Sans doute, répondit Humboldt, et sur ce point je n'en sais pas plus qu'un autre; mais, ajouta-t-il en souriant, je ne l'ai pas écrit aux gens de Nebraska, car on ne doit jamais avouer ces choses-là. »

Il y avait une manière d'original, que Humboldt appelle charitablement un *archi-chrétien,* qui de Bruxelles le consultait de temps en temps pour connaître sa pensée sur les âmes des animaux inférieurs, et savoir s'il croyait qu'elles dussent être comprises dans la rédemption, s'inquiétant si les punaises et les mouches iront aussi au paradis. A quoi Humboldt s'écriait, en riant de ce rire voltairien aussi odieux aux cagots luthériens et calvinistes qu'aux disciples de Loyola :

« Elles me menacent donc encore là-haut, et je retrouverai au ciel, chantant les louanges du Seigneur, les âmes de ces animaux avec lesquels j'ai fait connaissance sur les bords de l'Orénoque. »

Le travail lui devenait de plus en plus pénible; il ne s'y livrait encore que par cette grande force de volonté qui lui était naturelle.

A peine lui restait-il, en janvier 1859, l'usage des mains.

Le 2 mai, il entra dans les voies de la mort. Il s'éteignit sans agonie le 6, à deux heures et demie de l'après-midi. Il avait vécu quatre-vingt-neuf ans, sept mois et quelques jours.

Une dépêche envoyée à M. Victor Meunier, alors rédacteur en chef de *l'Ami des Sciences,* annonçait que Berlin était en deuil.

« Ce deuil sera ressenti dans l'univers, » ajouta M. Victor Meunier avec un sentiment profond.

Les funérailles se firent le 10, à neuf heures du matin. On y déploya une grande solennité.

Le cercueil en bois de chêne, couvert de lauriers, fut déposé dans la cathédrale sur une estrade entourée de palmes et de plantes fleuries.

Un cantique et un chœur terminèrent la cérémonie officielle.

Le soir, le corps fut transporté à Tegel.

Il repose dans le caveau funéraire de la famille de Humboldt et non loin d'une statue de l'Espérance, chef-d'œuvre de Thorwaldsen.

Il eut une âme loyale, plus affectionnée à la nature qu'aux hommes. Il sut goûter l'amitié cependant, et il aimait à obliger. Fortune, influence, relations, sans les prodiguer, il les dépensait volontiers au profit du prochain. C'est à lui que la science doit Agassiz, l'un des

plus grands naturalistes de notre temps. Jeune, timide,
pauvre, Agassiz étudiait à Paris quand Humboldt s'y
trouvait. Pressé par les dures nécessités de sa position,
il allait quitter Paris et la science. Humboldt le sut, le
vit, l'apprécia, le tira du besoin, l'encouragea, lui assura
l'utile. Agassiz a lui-même raconté le fait dans un écrit
sur la mort de Humboldt (1).

Il aima la liberté, y crut toujours, n'en désespéra jamais.

Il dut à la contemplation de la nature les plus douces
et les plus profondes jouissances. En lui il y eut du
poëte, et, en même temps que la science, il cherchait
l'émotion dans les voyages.

Dans cette libre vie, au sein des pays qui n'ont point
encore obéi aux caprices ni à la tyrannie de l'homme,
on se sent l'âme plus indépendante, l'intelligence plus
puissante. Avec de certaines dispositions poétiques, une
pente à la rêverie, on s'éprend de la nature, on la re-

(1) Voici en quels termes il s'exprime :

« I was only 22 years of age when in Paris, whither I had gone with
means given to me by a friend; but was at last about to resign my
studies from want of ability to meet my expences. Professor Mitscherlich was
then on a visit in Paris, and I had seen him in the morning, when he
had asked me what was the cause of my depressed feelings; and I told him
that I had to go far I had nothing left. The next morning as I was seated
at breakfast in front of the yard of the hotel where I lived, I saw the
servant of Humboldt approach. He handed me a note, saying there was
no answer and disappeared. I opened the note and I see it now before
me as distinctily as if I held the paper in my hand. It sait : My friend,
I hear that you intend leaving Paris in consequence of some embarass-
ments. That shall not be : I wish you to remain here as long as the
object for which you came is not accomplished. I enclose you a check
for L. 5o. It is a loan which you may repay when you can. » (Voyez
Agassiz, *Death of Humboldt.*)

grette, on la quitte avec de mélancoliques sourires.
Cette amante du cœur, où elle arrive par tant de voies
lorsque l'on vit en elle, nous rend injuste pour nos semblables, nous éloigne et souvent nous dégoûte d'eux.
Humboldt obéit aux prestiges de la Circé, se laissa en-
vahir, pénétrer par ses charmes. Amant sincère, il n'est
point de beautés, point de mérites qu'il ne sacrifie à sa
maîtresse. « Celui qui veut échapper aux orages de la
vie, s'écrie-t-il, me suivra volontiers dans les profon-
deurs des forêts, à travers l'immensité des steppes et sur
les hauts sommets de la chaîne des Andes; c'est à lui
que s'adressent ces vers qui semblent renfermer la sen-
tence du monde :

« Sur la montagne est la liberté. Les émanations des
tombeaux ne s'élèvent pas dans les régions pures de
l'air. Le monde est bien partout où l'homme ne vient
pas le troubler de ses misères (1). »

Il ne résiste point aux étreintes; la nature le saisit,
l'enlace. Il ne voit plus le travail de l'homme sur la nature; il ne la voit qu'en liberté; il la trouve belle, parce
qu'elle est libre. Il l'aima jusqu'au délire.

« Il ne connut pas l'envie, dit le célèbre botaniste italien Philippe Parlatore, l'envie, cette triste compagne
des petites âmes, mais heureusement exilée du cœur des
hommes qui savent que la science est un océan sans ri-
vages où chaque navigateur peut découvrir de nouvelles

____

(1)   « Auf den Bergen ist Freiheit ! Der Hauch der Grüfte
          Steigt nicht hinauf in die reinen Lüfte.
          Die Welt ist vollkommen überall ,
        Wo der Mensch nicht hinkommt mit seiner Qual. »

îles et de nouveaux continents. Il ne garda point ran-
cune des critiques dont il devint l'objet ; il fut toujours
le premier à tendre la main à qui lui avait signalé ses
erreurs (1). »

Il agrandit le domaine de la science et le fit aimer.

Il y avait de la vigueur dans sa physionomie, et même
de la rudesse dans ses traits, comme chez la plupart
des grands explorateurs de la nature. Il était de taille
moyenne. Ses pieds et ses mains étaient petits. L'ensemble était épais, et même commun. Quand il parlait,
il se faisait une illumination soudaine, une transforma-
tion s'opérait ; il avait alors mille séductions pour les
savants, les littérateurs, les poëtes, les femmes. Ses ma-
nières étaient franches, ouvertes, simples, avec quelque
timidité. Le front était haut et large, couronné d'une
opulente chevelure. Les yeux bleus, très-vifs, souvent
enjoués, parfois railleurs, amers, toujours spirituels.
Sur ses lèvres se jouait un sourire indéfinissable, à la
fois bienveillant et sarcastique. Il allait d'un pas rapide,
inégal, la tête légèrement penchée, et parfois, comme
Napoléon, les mains derrière le dos. Quand il était as-
sis, il s'affaissait et parlait en baissant les yeux ; il les
levait pour attendre la réponse de ses interlocuteurs.
Quand il se voyait en face d'un homme d'esprit capable
de l'entendre, il donnait toute carrière à sa verve ; il
étincelait, entraînait. Le grand exercice qu'il fit toute

(1) V. Elogio di Alessandro di Humboldt, scritto da Filippo Parlatore,
e letto il giorno 7 di dicembre dell' anno 1859, per proluzione alle sue
Lezioni di Botanica nel Museo di Fisica e di Storia Naturale. — Firenze,
tipografia Lemonnier. — Gennaio 1860.

sa vie de sa volonté lui donnait un empire absolu sur son corps comme sur son esprit. L'enthousiasme où il s'abandonnait ne l'empêcha jamais de rester maître de sa parole. On reconnaissait facilement en lui l'homme qui sut vouloir.

NOTICE

SUR LES OUVRAGES DE HUMBOLDT

———

Le premier de ses écrits date de 1786, année où il
suivait les cours de l'université de Gœttingue. En voici
le titre : *Le tissage des étoffes chez les Grecs.* Humboldt parle, en 1846, de ce travail, dans une lettre à
Varnhagen von Ense, et le désigne ainsi : *La fabrica-
tion des tissus chez les Anciens.* Cet ouvrage n'a jamais
été imprimé ; le manuscrit s'est perdu dans les papiers
laissés par Wolf.

Mineralogische Beobactungen über einige Basalte am Rheim,
1790. — A pour but de prouver que le basalte est d'originé nep-
tunienne et que sa formation est le résultat des grandes transfor-
mation des eaux du globe.

Über eine zweifache Prolification der Cardamine pratensis in
Uster Annalen der Botanik drittes stück, p. 5. 1792.

Plantas subterraneas (fribergenses) descripsit A. de Humboldt,
in Uster Annalen der Botanik drittes stück, p. 53. 1792.

Floræ fribergensis specimen plantas cryptogamicas præsertim
subterraneas exhibens. Accedunt Aphorismi ex doctrina physio-
logiæ chemicæ plantarum. Berolini, 1793. 1 vol. in-4. — Résultats
des observations qu'il fit durant son séjour dans les mines de

Freiberg, et en particulier sur les champignons qui vivent dans les puits.

Les Aphorismes, traduits en allemand. Leipzig, 1794.

Versuche über die gereizte Muskel- und Nervenfaser nebst Vermuthungen über den chemische Prozess des Lebens in der Thierund Pflanzenwelt. Posen und Berlin, 1792. 2 vol. in-8.

Ideen zu einer Physiognomik der Gewächse. Tubingen, 1808. In-8.

Expériences sur le galvanisme et en général sur l'irritation des fibres musculaire et nerveuse, traduites de l'allemand. Paris, 1790. 1 vol. in-8. Il présente de nouvelles conclusions sur l'action des chaînes galvaniques et des substances animales. Fut publié par Blumenbach, avec des remarques.

Introduction à l'ouvrage d'Ingenhausz sur l'accroissement des plantes et la fertilité du sol. Leipzig. 1798. In-8.

Esquisse d'un tableau géologique de l'Amérique méridionale, dans le journal de physique de La Methrie, tome 53, p. 30. 1801.

Sur les variations du magnétisme terrestre à différentes latitudes, par MM. Humboldt et Biot, lu à la classe des sciences mathématiques et physiques de l'Institut National, le 26 frimaire an XIII; dans le journal de physique, t. 59, p. 429. 1804.

Ideen zu einer Geographie der Pflanzen nebst einem Naturgewälde der Tropenlande, etc. Tubingen, 1807. In-8.

Ideen zu einer Geographie der Pflanzen mit Zusätzen und Anmerkungen. Wien, 1811. In-8.

Ansichten der Natur. Stuttgart, 1808. In-12. — 2e édit. Stuttgart, 1827.

Tableaux de la nature. L'ouvrage a cette dédicace : A son frère bien-aimé, Guillaume de Humboldt, à Rome. L'auteur. Berlin, mai 1807. En 1826 parut la traduction française par Eyriès.— Nouvelle édition française en 1851, traduite par M. Ch. Galusky; publiée chez MM. Gide et Baudry, avec changements et

additions importantes, accompagnée de cartes. 2 vol. in-12. Une
édition plus récente en deux formats a été entreprise par M. L.
Guérin, avec dépôt et vente à la librairie de Théodore Morgand :
1º Tableaux de la nature, nouvelle édition mise dans un ordre
nouveau, avec trois vues gravées sur acier, et cinq cartes scientifiques spéciales à l'ouvrage; 2º tableaux de la nature, édition de
grand luxe, gr. in-8 jésus, sur vélin, accompagnée de 12 belles
planches et cartes. — C'est la peinture des régions tropicales,
des steppes, des montagnes, des plantes; il explique la physionomie du paysage par celle des plantes; expose la structure et l'action des volcans.

Voyage aux régions équinoxiales du nouveau continent, divisé
en six parties. — Il en a paru une édition en grand format et une
édition in-8. La première en 3 vol. in-fol., et 12 vol. in-4, avec
un atlas géographique et physique et une collection de dessins
pittoresques. La dernière édition renferme 23 vol. L'auteur a
travaillé plus de quarante ans à cet ouvrage colossal; il a dépensé
226,000 thalers pour les planches.

Première partie. — Physique générale et relation historique du
voyage.

1º Essai sur la géographie des plantes, accompagné d'un tableau
physique des régions équinoxiales, fondé sur des mesures exécutées depuis le dixième degré de latitude boréale jusqu'au
dixième degré de latitude australe. 1 vol. in-4, avec une grande
planche coloriée. Imprimé en 1806, réimprimé en 1807, avec des
additions et formant, sous le titre de Physique générale et géologie, la cinquième partie de la collection complète. Paris et
Tubingue. — Dédicace : A MM. Antoine-Laurent de Jussieu et
René Desfontaines, professeurs au muséum d'histoire naturelle,
membres de l'Institut national, etc. — L'*Essai* a été lu à la classe
des sciences physiques et mathématiques de l'Institut national, le
17 nivôse de l'an XIII.

Ce tableau réunit pour la première fois l'ensemble
des phénomènes physiques que présentent les régions

équinoxiales, depuis le niveau de la mer du Sud jusqu'à la cime des Andes. Il indique : la végétation, les animaux, les rapports géologiques, la culture, la température de l'air, les limites des neiges perpétuelles, la constitution chimique de l'atmosphère, sa tension électrique, sa pression barométrique, le décroissement de la gravitation, l'intensité de la couleur azurée du ciel, l'affaiblissement de la lumière pendant son passage par les couches de l'air, les réfractions horizontales et le degré de l'eau bouillante à diverses hauteurs. Afin de faciliter la comparaison de ces phénomènes avec ceux des zones tempérées, l'auteur y a joint un grand nombre de hauteurs, mesurées dans les différentes parties du globe, et la distance à laquelle ces hauteurs peuvent être aperçues sur mer, en faisant abstraction de la réfraction terrestre. La grande carte coloriée donne :
1º Les réfractions à 5oº de hauteur exprimées en secondes de la division centésimale pour la température 0º; 2º la distance à laquelle les montagnes sont visibles sur mer en faisant abstraction de la réfraction ; 3º les hauteurs mesurées en différentes parties du globe; les phénomènes électriques selon la hauteur des couches ; 4º la culture du sol selon son élévation au-dessus du niveau de la mer ; 5º le décroissement de la gravitation exprimée par oscillations d'un même pendule dans le vide ; 6º l'aspect du ciel azuré exprimé en degrés du cyanomètre ; 7º le décroissement de l'humidité de l'air exprimé en degrés de l'hygromètre de Saussure ; 8º la pression de l'air atmosphérique exprimée en hauteurs barométriques ; 9º l'échelle en toises ; 10º l'échelle en

mètres. On a ainsi l'ensemble de toutes les recherches dont l'auteur s'est occupé pendant son expédition aux tropiques. Beaucoup des pays dont il y est question n'avaient jamais été parcourus par des naturalistes. L'ouvrage avait été conçu dès sa jeunesse. Il avait communiqué la première esquisse d'une Géographie des plantes, en 1790, au compagnon de Cook, le célèbre Förster, avec qui Humboldt avait été lié par l'amitié et la reconnaissance. L'étude de plusieurs branches des sciences physiques lui servit dans la suite à étendre ses idées. Le voyage aux tropiques lui fournit des matériaux précieux pour l'histoire physique du globe. *L'Essai* a été rédigé en majeure partie à la vue des grands objets qu'il devait décrire, au pied du Chimborazo, sur les côtes de la mer du Sud. La planche a été dessinée dans le port de Haayaquil, en février 1803, lorsqu'il revenait de Lima, au moment où il se disposait à la navigation d'Acapulco. Une copie de cette esquisse fut envoyée à Santa-Fé-de-Bogota, au grand botaniste Mutis, qui se prononça favorablement sur la justesse des observations de Humboldt, et les étendit par les siennes. Elle a été exécutée à Paris, en grand, par Schœnberger, dont le rare talent était apprécié de la France et de l'Allemagne. Le tableau a été fait par le peintre et botaniste Turpin, « qui, écrit Humboldt, a exécuté cette géographie des plantes avec le goût qui caractérise tous ses ouvrages. » Biot a calculé les tables des réfractions horizontales et de l'extinction de la lumière, jointes au tableau. Delambre a fourni plusieurs mesures de hauteurs qui n'avaient point encore été publiées. Les observations barométriques ont été calculées par Prony d'après la formule de Laplace, en ayant égard à l'influence de la pesanteur.

2° Atlas pittoresque. Vue des Cordillères et monuments des peuples indigènes du nouveau continent. Paris, 1810. 1 vol. gr. in-fol., avec 60 planches en partie coloriées et accompagnées de mémoires explicatifs.

Fait connaître quelques-unes des grandes scènes qu'offre la nature dans les hautes chaînes des Andes ; éclaire l'ancienne civilisation des Américains, leur architecture, leurs hiéroglyphes, leur culte religieux, leurs rêveries astrologiques.

3° Relation historique. Paris. 3 vol. in-4, parus à des dates éloignées, 1814, 1819, 1825.

Deuxième partie. — Recueil d'observations de zoologie et d'anatomie comparée. 2 vol. in-4. Paris. Avec des planches dont la plupart sont coloriées. Le premier volume est de 1811, et contient 30 planches dont 19 sont coloriées. Le second volume est de 1833 ; il renferme 28 planches dont 22 sont coloriées. Dédicace : A M. Georges Cuvier, secrétaire particulier de la première classe de l'Institut de France, professeur au collége de France et au muséum d'histoire naturelle, etc. A. de Humboldt, Aimé Bonpland. — Voici les travaux de cette seconde partie :

Mémoire sur l'os hyoïde et le larynx des oiseaux, des singes et des crocodiles, lu à la première classe de l'Institut national, le 26 février 1805.

Mémoire sur une nouvelle espèce de singe trouvée sur la pente orientale des Andes ; idem, le 6 ventôse an XIII.

Mémoire sur l'Eremophilus et l'Astroblephus, deux nouveaux genres de l'ordre des Apodes ; idem, le 22 pluviôse an XIII.

Mémoire sur une nouvelle espèce de pimélode jetée par les volcans du royaume de Quito; idem.

Essai sur l'histoire naturelle du condor; idem, le 13 octobre 1806.

Mémoire sur une nouvelle espèce de gymnote de la rivière de la Madeleine; idem, le 27 octobre 1806.

Observations sur l'anguille électrique du nouveau continent; idem, le 20 octobre 1806.

Recherches anatomiques sur les reptiles regardés encore comme douteux par les naturalistes, faites à l'occasion de l'axolotl rapporté par M. de Humboldt du Mexique, par M. Cuvier; idem, les 19 et 26 janvier 1807.

Insectes de l'Amérique équinoxiale recueillis pendant le voyage de MM. de Humboldt et Bonpland et décrits par M. Latreille.

Sur la respiration des crocodiles.

Des abeilles proprement dites, et plus particulièrement des insectes de la même famille qui vivent en société continue et qui sont propres à l'Amérique méridionale, par M. Latreille.

Sur un ver intestinal trouvé dans les poumons d'un serpent à sonnettes de Cumana.

Sur les singes qui habitent les rives de l'Orénoque, du Cassiquiare et du Rio-Negro.

Sur les singes du royaume de la Nouvelle-Grenade et des rives de l'Amazone.

Sur quelques espèces d'animaux carnassiers de l'Amérique, rapportées par Linné au genre viverra.

Tableau synoptique des singes de l'Amérique.

Sur deux nouvelles espèces de crotales.

Mémoire sur le guacharo de la caverne de Guaripe, nouveau genre d'oiseaux nocturnes de la famille des passereaux.

Recherches sur les poissons fluviatiles de l'Amérique équinoxiale, par MM. de Humboldt et Valenciennes.

De la respiration et de la vessie aérienne des poissons.

Coquilles marines bivalves de l'Amérique équinoxiale, recueil-lies pendant le voyage de MM. de Humboldt et Bonpland et décrites par M. Valenciennes.

Coquilles univalves marines, etc., décrites par M. Valenciennes.

Nouvelles observations sur le capitaine de Bogota (Eramophi-lus mutisii), par M. Valenciennes.

Les gravures ont été exécutées sur des croquis faits par Humboldt, ou d'après les objets qu'elles représen-tent. Comme les voyages exécutés aux frais d'un simple particulier, aussi riche qu'il soit, n'offrent pas les mêmes facilités qu'à ceux auxquels s'intéressent des gouverne-ments, toutes les espèces nouvelles qui ont été signalées ne sont point dessinées; il y a été suppléé par des des-criptions exactes. Les différences spécifiques existant entre l'animal nouveau et les espèces voisines sont scrupuleusement indiquées.

Troisième partie. — Essai politique sur le royaume de la Nouvelle-Espagne. 2 vol. in-4. Paris, 1811. Deuxième édition, Paris, 1825-27. 4 vol. in-8. — Dédicace : A Sa Majesté catholique Charles IV, roi d'Espagne et des Indes. Paris, le 8 mars 1808. Le baron de Humboldt.

L'ouvrage fut d'abord rédigé en espagnol et fournit, lorsqu'il était encore manuscrit, des matériaux à plu-sieurs publications officielles, destinées à discuter les intérêts du commerce et de l'industrie manufacturière des colonies.

Il se divise en deux parties principales; la première embrassant le Mexique proprement dit (el Regno de

Mexico) ; la seconde, laz provincias internas, orientales y occidentales.

Le premier volume comprend : l'introduction géographique ou l'analyse raisonnée de l'atlas ; trois livres de l'*Essai politique*. Sommaire du livre Ier. Considérations générales sur l'étendue et l'aspect physique du royaume de la Nouvelle-Espagne. — Influence des inégalités du sol sur le climat, l'agriculture, le commerce, et sur la défense militaire du pays. Livre II. Population générale de la Nouvelle-Espagne. Division des habitants en castes. Livre III. Statistique particulière des intendances qui composent le royaume de la Nouvelle-Espagne. — Leur étendue territoriale et leur population.

Le second volume : les trois derniers livres de l'*Essai*. Sommaire. Livre IV. État de l'agriculture. — Mines métalliques. Livre V. État des manufactures et du commerce. Livre VI. Revenus de l'État. — Défense militaire. Des notes, un supplément, des additions, une table alphabétique des matières contenues dans l'ouvrage.

Après avoir résumé ce qu'il a exposé dans les deux volumes sur l'état du Mexique au commencement de notre siècle, l'auteur termine par ces nobles paroles : « Tels sont les résultats principaux auxquels j'ai été conduit. Puisse ce travail, commencé dans la capitale de la Nouvelle-Espagne, devenir utile à ceux qui sont appelés à veiller sur la prospérité publique ; puisse-t-il surtout les pénétrer de cette vérité importante, que le bien-être des blancs est intimement lié à celui de la race

cuivrée, et qu'il ne peut y avoir de bonheur durable,
dans les deux Amériques, qu'autant que cette race
humiliée, mais non avilie par une longue oppression,
participera à tous les avantages qui résultent du progrès de la civilisation et du perfectionnement de l'ordre
social. »

Quatrième partie. — Astronomie et magnétisme.

Recueil d'observations astronomiques, d'opérations trigonomé-
triques et de mesures barométriques, faites pendant les cours d'un
voyage aux régions équinoxiales du nouveau continent, depuis
1799 jusqu'en 1804, par Alexandre de Humboldt, rédigées et calculées d'après les Tableaux les plus exacts par Jabbo Oltmanns.
Paris, 1810. 2 vol. in-4. — Dédicace : A M. J.-B.-J. Delambre,
sociétaire perpétuel de l'Institut de France pour les sciences
mathématiques, etc. Comme une faible marque d'attachement et
de reconnaissance. A. de Humboldt, J. Oltmanns.

Dans l'introduction est discuté le choix des instruments les plus propres à employer dans des voyages
lointains, le degré de précision qu'il est possible d'atteindre dans les différents genres d'observations, le
mouvement propre de quelques grandes étoiles de
l'hémisphère austral, et plusieurs méthodes que l'auteur souhaiterait voir se répandre davantage parmi les
navigateurs. Cet ouvrage, auquel sont jointes des recherches historiques sur la position de plusieurs points
importants pour les navigateurs, renferme :

1° Des observations originales faites depuis les 12°
de latitude australe jusqu'aux 41° de latitude boréale ;
2° un mémoire sur les réfractions astronomiques sous
la zone torride ; 3° un nivellement barométrique de la

Cordillère des Andes, des observations géologiques et une indication de quatre cent cinquante-trois hauteurs ; 4° un tableau de près de sept cents positions géographiques du nouveau continent.

L'introduction par de Humboldt, datée ainsi : à Paris, le 14 septembre 1811. Le discours préliminaire, par J. Oltmanns, traite des moyens employés pour déterminer la position des lieux, et du calcul des observations astronomiques ; écrit à Paris, au mois d'août 1811.

Le supplément au second livre contient un essai sur les réfractions astronomiques dans la zone torride, correspondantes à des angles de hauteurs plus petits que dix degrés, et considérées comme effet du décroissement du calorique, par A. de Humboldt, qui a été lu à la première classe de l'Institut, le 29 février 1808.

Cinquième partie. — Physique générale et géologie. Paris, 1817. 1 vol. in-4.

Sixième partie. — Botanique.

1° Plantes équinoxiales recueillies au Mexique, dans l'île de Cuba, dans la province de Caracas, de Cumana et de Barcelone, aux Andes de la Nouvelle-Grenade, de Quito et du Pérou, et sur les bords du Rio-Négro, de l'Orénoque et de la rivière des Amazones. 2 vol. gr. in-folio, ornés de plus de 150 planches gravées au burin et tirées en noir. Rédigés par A. Bonpland.

Contient les figures de quarante nouveaux genres de plantes de la zone torride ; les descriptions méthodiques des espèces, en français et en latin ; des observations sur les propriétés médicales des végétaux, sur leurs usages dans les arts et sur le climat des contrées qui les produisent. Paris, 1803-1808.

2° Monographie des mélastomes, rhexia et autres genres de cet

ordre de plantes. Rédigée par A. Bonpland, fait connaître plus de
15o espèces de mélastomacées. Paris, 1806-1823. 2 vol. in-fol.
Les descriptions méthodiques des espèces sont en français et en
latin.

3° Nova genera et species plantarum quas in peregrinatione ad
plagam æquinoctialem orbis novi collegerunt, descripserunt et
adumbraverunt Am. Bonpland et Alex. de Humboldt, in ordinem
digessit C.-S. Kunth, 1815-1825. 7 vol. avec 700 pl. en plusieurs
formats, dont les uns ont les pl. en noir, les autres ont les fig.
coloriées.

4° Mimoses et autres plantes légumineuses du nouveau continent, recueillies par MM. de Humboldt et Bonpland, décrites et
publiées par C. S. Kunth. Paris, 1819-1824. In-fol.

Conspectus longitudinum et latitudinum per decursum anno-
rum 1799 ad 1804 in plaga æquinoctiali ab Alexandre de Humboldt astronomice observatorum calculo subjecit Jabbo Oltmanns.
Lutetiæ Parisiorum, 1808. 1 vol.

Humboldt und Aimé Bonpland Reise in die æquinoctialge-
gende des neuen continents in den Jahren 1799-1804. Stuttgart,
vol. 6, 1815-1832.

Sur les lois que l'on observe dans la distribution des formes
végétales. Paris, 1816. In-8.

Introduction au voyage en Norvège et en Laponie de Léopold
de Buch. Paris, 1816.

De distributione geographica plantarum secundum cœli tempe-
riem et altitudinem montium Prolegomena. Lutetiæ Parisiorum,
1817. In 8.

Synopsis plantarum quas in itinere ad plagam æquinoctialem
orbis novi collegerunt de Humboldt et Bonpland, autore C.-S.
Kunth. Argentor. et Paris., 1822-1826. 4 vol. in-8.

Rapport verbal fait à l'Académie des sciences de Paris sur un
ouvrage de M. Auguste de Saint-Hilaire, intitulé : Plantes nouvelles des Brésiliens. Paris, 1821. In-8.

Essai géognostique sur le gisement des roches dans les deux hémisphères. Strasbourg, 1826. 1 vol. in-8.

Essai politique sur l'île de Cuba. Paris, 1826. 2 vol. in-8.

Tableau statistique de l'île de Cuba. Paris, 1831. In-8.

Über die Haupt-Ursachen der Temperatur-Verschiedenheit auf dem Erdkörper dans les Abhandlungen der K. Akademie der Wissenschaften zu Berlin aus dem Jahre 1827. Berlin, 1803, p. 295.

Über die Mittel, die Ergründerung einiger Phänomene des tellurischer Magnetismus zu erleichtern, dans les Annalen der Physik und Chemie von Poggendorf, 1829, vol. 15, p. 319.

Révision des graminées publiées dans les Nova Genera et species plantarum de MM. de Humboldt et Bonpland; précédée d'un travail sur cette famille par C. — S. Kunth, 1829-34. 2 vol. gr. in-fol., avec 220 pl. en couleur.

Remis en souscription sous le titre de : Distribution méthodique de la famille des graminées, contenant 218 descriptions de graminées nouvelles. 2 vol. in fol., avec 220 planches.

Fragmens de géologie et de climatologie asiatiques. Paris, 1831. 2 vol. in-8.

Traduit en allemand. Berlin, 1832. En russe, 1837.

Geognostiche und physicalische Beobachtungen über die Vulcan des Kochlands von Quito in Annalen, comme ci-dessus, année 1837, p. 161.

Examen critique de l'histoire de la géographie du nouveau continent et des progrès de l'astronomie nautique aux XVe et XVIe siècles. Paris, 1836. 4 vol. in-8. — Dédicace : A Dominique-François Arago, dont la sagacité a étendu le domaine de l'astronomie physique, de l'optique et de la théorie de l'électromagnétisme. Hommage d'amitié et de dévouement inaltérables. Préface datée de Berlin, novembre 1833.

Cet ouvrage est le fruit de trente ans d'études sur les

contrées équinoxiales, de recherches historiques aux-
quelles il se livrait avec prédilection à ses moments de
loisir. Dans le cours de son voyage, il avait visité la
partie méridionale de l'île de Cuba, les extrémités orientale et occidentale de la Terre-Ferme, les côtes de
Guayaquil et de la Puña, célèbres dans l'histoire des
premières découvertes. Il avait trouvé un charme particulier à lire les ouvrages qui renferment les récits des
Conquistadores. De plus, il avait fouillé les archives en
Amérique et les bibliothèques des différentes parties de
l'Europe. La littérature dans ses sources les plus pré-
cieuses lui était familière. Enfin, son long séjour dans
les régions les moins visitées du Nouveau-Monde, la
connaissance locale du climat, des sites, des mœurs,
l'habitude de déterminer la position astronomique des
lieux, de tracer le cours des rivières et des chaînes de
montagnes; le soin le plus minutieux de recueillir les
différentes dénominations que, dans la merveilleuse
variété de leurs idiomes, les indigènes donnent aux
mêmes points, lui firent connaître dans les récits des
premiers voyageurs certaines combinaisons de faits
échappés à la sagacité des géographes et des historiens
modernes de l'Amérique. Ainsi toutes les sources et les
plus diverses ont été étudiées avec courage et persévé-
rance. Il lut les livres caractérisés par la candeur du
vieux langage et une admirable exactitude de description,
sans se laisser dégoûter par la prolixité emphatique et
le goût d'une fausse érudition propre aux écrivains mo-
nastiques. Là ne se bornèrent point ses recherches et ses
efforts : il porta encore ses investigations sur la géographie

de l'Amérique et sur l'histoire primitive des peuples, éclairée par l'étude des peintures antiques ou des traditions et des mythes du Pérou, des Andes de Quito, et de Cundinamarca. Son travail se trouve donc étendu à la cosmographie du XVe siècle et aux méthodes astronomiques dont les navigateurs essayaient l'emploi. Il a encore mis à contribution des documents négligés par les temps modernes, ou plutôt cités qu'examinés d'une manière sérieuse, et n'a point toujours trouvé la stérilité dans ses recherches. Tant de documents n'ont point seulement profité à l'Examen critique, mais encore à l'Essai politique et à la Relation historique.

En outre, avant de partir pour la côte de Paria, premier point continental du Nouveau-Monde vu par Christophe Colomb, il s'était entretenu, à Madrid, avec le savant historiographe don Juan Bautista Muñoz, pris ses conseils, feuilleté les matériaux recueillis par ordre du roi Charles IV dans les archives de Simancas, Séville, Torre do Tombo, pour l'*Historia del Nuovo-Mondo*; l'ouvrage de don Martin Fernandez de Navarrete, intitulé : *Coleccion de los viages y descubrimientos que hicieron por mar los Españoles desde fines del siglo XV*, dont trois volumes avaient paru en 1825. Il compara entre eux tous ces matériaux historiques et avec les premiers récits des Conquistadores, avec le souvenir local qu'il possédait des sites du Nouveau-Monde, et avec la connaissance de l'esprit du siècle de Christophe Colomb. Il put ainsi arriver à des résultats importants sur la série de découvertes et sur l'ancien état de l'Amérique.

La vie de Colomb, par Washington Irving, auquel il se plaît à rendre justice, lui fut aussi très-utile.

Avec la première partie de l'Examen critique, Humboldt a clos ses longues et importantes études sur les régions équinoxiales. Le grand voyage d'exploration qu'il fit dans l'Asie boréale et à la mer Caspienne a ramené les forces vives de son intelligence sur l'ancien continent. L'ouvrage est resté inachevé, ainsi que les travaux qu'il préparait sur l'histoire de la géographie des deux Amériques et la rectification progressive des positions astronomiques, commencées dès son retour en Europe. Avide d'embrasser le globe entier dans ses investigations, il saisit avec empressement l'occasion de nouveaux voyages afin que son intelligence s'enrichît de nouvelles idées. Il oublia désormais le nouvel hémisphère, où il ne s'en occupa qu'accidentellement.

Asie centrale. Recherches sur les chaînes de montagnes et la climatologie comparée. Paris, 1843. 3 vol. in-8. L'impression, commencée en 1839, a été retardée par des voyages et, dit Humboldt, « par les suites d'un grand et douloureux événement dans ma patrie. » Il s'agit de la mort du roi de Prusse Frédéric-Guillaume III. — Dédicace : A S. M. l'empereur de Russie ; à Paris, au mois de février 1843, le baron Al. de Humboldt. L'introduction est datée : Paris, en février 1843. — Traduit en allemand. Berlin, 1842-43, par G. Mahlmann, et augmenté d'un supplément.

Le but de l'expédition dont Humboldt fut le chef et dont il retrace l'histoire avait été ainsi déterminé par le czar Nicolas : Agrandissement du domaine des

sciences, surtout de la géologie et d'une branche aujourd'hui si féconde, le magnétisme terrestre; tout ce
qui ne serait que d'intérêt matériel et local ne devait occuper dans les recherches qu'une place secondaire.

Dans les deux premiers volumes, l'auteur traite de
considérations sur la direction des chaînes de montagnes
et des grands caractères géologiques qui les distinguent.
Dans le troisième, il s'occupe de recherches sur la climatologie asiatique et le magnétisme terrestre. Voici
les grandes lignes de l'ouvrage :

Tome Ier. — Vues générales de géologie asiatique.
Orographie spéciale de l'Asie, avec une notice hypso-
métrique relative aux mesures de M. Fedorov, une note
supplémentaire de M. de Verneuil sur les roches de
Kaltchedanskoi, une énumération des minéraux rares
ou nouveaux de la chaîne de l'Oural, par M. Gustave
Rose.

Tome II. — Continuation de l'orographie spéciale de
l'Asie, avec des éclaircissements sur la chaîne de Thian-
chan, le Bolor et le Kouem-lun, d'après les textes chi-
nois traduits par M. Stanislas Julien; un supplément
relatif à un lac, à une caverne, à des salses et à des
feux, à des phoques, à des phénomènes volcaniques, à
des puits à feu, à de l'eau salée, à de l'eau pure; des
détails sur la méthode chinoise de forer, l'ancien emploi des gaz inflammables en Chine, sur des montagnes
de feu, des soulèvements d'îles volcaniques.

Tome III. — Recherches climatologiques. Routiers
de l'Asie centrale, comprenant deux séries (la première
a paru dans le second volume des *Fragments asia-*

tiques, en 1831, et a servi de base à plusieurs cartes de l'Atlas de Grimm, et en partie au grand ouvrage géographique de Ritter, *Erdkunde von Asien.* Klaproth y a ajouté des éclaircissements. Ces routiers peuvent faire suite à ceux publiés par Senkowsky, le baron de Meyendorf et Putimstev). Remarques servant d'éclaircissements au tableau d'inclinaisons magnétiques. Notice sur la position astronomique de quelques lieux dans le sud-ouest de la Sibérie. Supplément sur la bande aurifère qui traverse le nord de l'Asie, à l'est de la chaîne de l'Oural. Aperçu de la quantité d'or tirée depuis 1814 jusqu'en 1842 des alluvions de l'Oural et de la Sibérie. Discussions hypsométriques, nombreux éclaircissements. A ce volume se trouvent joints : 1° quatorze tableaux figurant les éléments numériques de la climatologie de l'empire de Russie, en Europe et en Asie; 2° un tableau hygrométrique; 3° un tableau des hauteurs de la limite des neiges perpétuelles dans les deux hémisphères; 4° quatre tableaux de l'inclinaison de l'aiguille aimantée; 5° trois tableaux des produits annuels en or de 1827 à 1838, des quantités d'or, de platine et d'argent de 1823 à 1838, des produits annuels en or de 1839 à 1842; 6° huit tableaux de zones isothermes; 7° quatre tableaux de la distribution de la chaleur sur le globe dans les deux hémisphères : 8° une carte des chaînes de montagnes et des volcans de l'Asie centrale, selon les observations astronomiques et les mesures hypsométriques les plus récentes.

Kosmos. Entwurf einer physischen Weltbescriebung. Stuttgart, 1845-1858. 4 vol. in-8.

Traduit en anglais, Londres, 1845 ; en italien, Venise, 1846 ; en hollandais, Leyde, idem ; en danois, Copenhague, idem ; en français, 1855-1859, sous ce titre : Cosmos, essai d'une description physique du monde. Le 1er vol., la première partie du 3e par M. H. Faye, membre de l'Institut, l'un des astronomes de l'Observatoire de Paris ; le 2e vol., la seconde partie du 3e, le 4e vol. par M. Ch. Galusky. Les deux traducteurs avaient été choisis par Al. de Humboldt. Plusieurs éditions. La quatrième, faite par L. Guérin, avec dépôt et vente à la librairie de Théodore Morgand. Mise dans un meilleur ordre que la précédente, augmentée d'une notice biographique et de fragments inédits de la correspondance de l'auteur. 4 vol. in-8. A cette édition a été joint un atlas, dit du Cosmos, qu'il ne faut point confondre avec l'atlas spécial aux œuvres de Humboldt. Il contient des cartes géographiques, astronomiques, physiques, thermiques, magnétiques, géologiques, botaniques, agricoles, etc. Utile à la fois aux œuvres de Humboldt et d'Arago, et en général à tous les ouvrages de sciences physiques et naturelles. Dressé par M. Vuillemin, gravé par MM. Jacobs et Guiguet, avec un texte par M. J.-A. Barral.

Cet ouvrage est l'expression fidèle de l'état des sciences physiques au milieu du XIXe siècle. La description des phénomènes y est exacte, précise, et se concilie toutefois avec la peinture animée et vivante des scènes de la création. Humboldt s'est occupé des premiers aperçus du Cosmos pendant un demi-siècle ; il a consacré à l'écrire les dernières années de sa vie. Il en commença l'impression en 1834, le 27 octobre ; il l'annonça dans une lettre à Varnhagen ; il lui en donne le plan et lui demande des conseils sur le titre définitif.

« Je commence aujourd'hui, écrit-il, l'impression de

mon grand ouvrage (l'œuvre de ma vie). J'ai la folle idée de décrire, dans un seul et même ouvrage d'un style vif et d'une forme attrayante, tout le monde physique, tout ce que nous savons aujourd'hui des phénomènes du ciel et de la terre, depuis les nébuleuses jusqu'à la géographie des mousses sur les roches granitiques. » Ses moyens d'exécution sont les suivants : 1° Poésie descriptive et peinture animée des scènes de la nature ; 2° peinture de paysages, représentation imagée d'une nature exotique ; son histoire ; 3° groupement des plantes d'après leur physionomie ; histoire de la description physique du monde ; comment est devenue claire l'idée du monde et de la connexité de tous les phénomènes. Puis viennent la partie spéciale, les particularités par ordre ; l'univers, toute l'astronomie physique, le globe, son intérieur, son extérieur, l'électro-magnétisme de l'intérieur ; le volcanisme ; la coordination des masses ; la géognosie, mers, atmosphère, climats, monde organique, géographie des plantes, géographie des animaux ; races et langues humaines ; résultats numériques les plus exacts. Il pensait que deux volumes suffiraient ; malgré son désir de concision il en fallut quatre. Il ne voulut point de notes audessous du texte, mais seulement à la fin de chaque chapitre, afin qu'elles pussent être plus étendues, d'une érudition solide, et continssent de plus amples détails. Ce vaste ensemble n'est point une géographie physique, puisqu'il comprend le ciel et la terre, toute la création. Commencé il y avait quinze ans, il l'avait écrit en français et l'intitulait : *Essai sur la physique du monde*. En

Allemagne, il voulait dans le principe l'appeler le *Livre de la nature*.

Mais tout cela, manquant de précision, ne le satisfaisait pas. Dans sa lettre du 27 octobre 1834 à Varnhagen, il s'arrête à ce titre : *Cosmos, Essai d'une description physique du monde, par A. de H., sur le plan de ses cours de 1827 et 1828, et avec plus de développement, chez Cotta.* Il ajoutait le mot de *Cosmos*, afin qu'on ne dît pas la géographie physique de Humboldt, ce qui eût fait rentrer le livre dans la catégorie des écrits de Mittersacher, ce qui l'eût humilié. En effet, comme il l'observe judicieusement, le terme de *description du monde* (à l'imitation du mot *histoire du monde*) serait un terme inusité qui serait toujours confondu avec la géographie. Mais le mot de *Cosmos* ne lui plaisait que médiocrement; il le trouvait d'une certaine afféterie; puis il considérait qu'il disait tout à la fois ciel et terre, qu'il était opposé à *Géa,* un mauvais livre sur le globe du professeur Zeune, qui est une véritable géographie. Son frère Guillaume avait de la prédilection pour le titre de *Cosmos*. Enfin, sur l'avis de Varnhagen, Humboldt vainquit ses hésitations et adopta le mot de *Cosmos,* en abrégeant le sous-titre, pour ce grand ouvrage, qu'il appelle l'œuvre de sa vie. Titre heureux, qui se retient facilement et qui dit l'importance et l'universalité des matières qui composent l'ouvrage.

Voici les grands aspects du tableau analytique des matières contenues dans le *Cosmos :*

Tome Ier. — Introduction. Chap. Ier. Considérations sur les différents degrés de jouissance qu'offrent la vue de la nature et l'étude de ses lois. Chap. II. Limites et méthode de l'exposition de la description physique du monde. Tableau de la nature. 1° Partie céleste du Cosmos. 2° Partie terrestre du Cosmos.

Tome II. — Chap. Ier. Reflet du monde extérieur dans l'imagination de l'homme. 1° Moyens propres à répandre l'étude de la nature. 2° De la peinture de paysage, considérée comme un moyen de propager l'étude la nature. Chap. II. Essai historique sur le développement progressif de l'idée de l'univers. Introduction. Phases principales à signaler dans l'histoire de la contemplation physique du monde. 1° Le bassin de la Méditerranée, considéré comme point de départ des efforts faits pour agrandir l'idée du Cosmos. 2° Expédition des Macédoniens sous Alexandre le Grand et influence de l'empire de Bactriane. 3° Agrandissement de l'idée du monde sous les Ptolémée. 4° Influence de la domination romaine. 5° Invasion des Arabes. 6° Époque des grandes découvertes dans l'Océan. 7° Époque des grandes découvertes dans les espaces célestes par l'application du télescope. 8° Diversité et enchaînement des efforts scientifiques tentés de nos jours.

Tome III. — Partie uranologique de la description physique du monde. I. Astronomie sidérale. Chap. Ier. Espaces célestes. — Conjectures sur la matière qui paraît remplir ces espaces. Chap. II. Vision naturelle et télescopique. — Scintillation des étoiles. — Vitesse de la lumière. — Résultats des mesures photométriques.

terrestre. Deuxième partie. Réaction de l'intérieur de la terre contre sa surface. Chap. Ier. Tremblements de terre. Chap. II. Sources thermales. Chap. III. Sources de vapeurs et de gaz; volcans de boue; feux de naphte. Chap. IV. Volcans avec ou sans échafaudages.

Humboldt avait soixante-quinze ans quand il commença le *Cosmos;* soixante-dix-sept ans lorsqu'il commença la première partie du troisième volume; quatre-vingt-un ans quand il commença le quatrième. Il pensait à un cinquième volume, qui eût complété le précédent, lorsque la mort le frappa.

Dans les notes, il cite plus de trois mille auteurs.

Le *Cosmos* a depuis servi de titre à un journal scientifique, à un atlas et à plusieurs autres publications.

Mélanges de géologie et de physique générale. 1854. En allemand et en français, contient le tableau des lignes isothermes avec les développements de Guillaume Mahlmann. Un atlas y est joint sous ce titre : Volcans des Cordillères de Quito et du Mexique. Paris, 1854. 1 vol. in-4. — Dédicace : Au professeur et ingénieux explorateur de la nature, au plus grand géognoste de ce siècle, à Léopold de Buch, faible témoignage d'une amitié de soixante ans que rien n'a jamais troublée. Datée du mois de janvier 1853. — Nouvelle édition. 1 vol. in-8, des Mélanges publiés par L. Guérin, et de l'atlas. — Contiennent :

1º Considérations géologiques et physiques sur les Cordillères des Andes.

2º Lignes isothermes et distribution de la chaleur sur le globe. — Travail déjà imprimé en 1817 dans les Mémoires de la société d'Arcueil.

3º Expériences sur les moyens eudiométriques et sur la proportion des principes constituants de l'atmosphère, par MM. de

Humboldt et Gay-Lussac. — Travail imprimé pour la première fois en 1805.

4ⁿ Accroissement nocturne de l'intensité du son. — Paru d'abord en 1820.

Introduction aux œuvres complètes de François Arago. Paris, 1854. — Appréciation chaleureuse, sympathique, en même temps que très-exacte de la vie et des travaux du célèbre astronome. Datée de Potsdam, novembre 1853.

FIN

4645 — Paris, imprimerie Jouaust, rue Saint-Honoré, 338.

Paris, imprimerie JOUAUST, rue Saint Honoré. 338.